FORSCHUNGSBERICHTE DES LANDES NORDRHEIN-WESTFALEN

Nr. 2509

Herausgegeben im Auftrage des Ministerpräsidenten Heinz Kühn
vom Minister für Wissenschaft und Forschung Johannes Rau

Prof. Dr. rer. nat. Norbert Weissenfels

Zoologisches Institut der Universität Bonn
Entwicklungsgeschichtliche Abteilung

Der Lebenszyklus kultivierter Hühnerherzzellen und die Wirkung subletaler Röntgendosen auf ihn

Westdeutscher Verlag 1975

© 1975 by Westdeutscher Verlag GmbH, Opladen
Gesamtherstellung: Westdeutscher Verlag

ISBN-13: 978-3-531-02509-4   e-ISBN-13: 978-3-322-88082-6
DOI: 10.1007/978-3-322-88082-6

Inhalt

<u>Vorwort</u>

Dem vorliegenden Bericht liegen in meiner Arbeitsgruppe erar-
beitete Versuchsdaten von Frau Dr. D. Neubert-Kirfel und Herrn
H. H. Amthauer zugrunde.
Das Landesamt für Forschung des Landes Nordrhein-Westfalen un-
terstützte die Untersuchungen durch eine Sachbeihilfe.

1. Einleitung

Die zunehmende Nutzung natürlicher und künstlicher Strahlenquellen für wissenschaftliche, medizinische und technische Zwecke wirft ständig neue biologische Fragen auf, die aus naheliegenden Gründen einer raschen Klärung bedürfen. Aus der einschlägigen Literatur (u.a. FRITZ-NIGGLI, 1959) ist zwar hinreichend bekannt, daß ionisierende Strahlen das Wachstum, die Entwicklung, die Fortpflanzung und das Altern der Lebewesen stark beeinflussen. Während die Strahlenschäden im Sinne von Störungen des Mitoseverlaufs schon eingehend beschrieben wurden, herrscht über den Einfluß subletaler Strahlendosen auf den gesamten Teilungszyklus der Zellen, insbesondere auf die Interphase, noch weitgehend Unklarheit.

Diese Tatsache überrascht nicht, denn der eigentliche Teilungsprozeß, die Mitose, läuft im Vergleich zur Interphase sehr schnell und mit besonderer Dynamik ab. Im Gegensatz hierzu geht die Interphase schleppend und ohne spektakuläre morphologische Veränderungen vonstatten. Sie wurde früher deshalb "Ruhephase" genannt. Durch die Anwendung photometrischer, cytochemischer und nicht zuletzt auch biochemischer Methoden wissen wir heute, daß nahezu alle Syntheseprozesse in dem Zeitabschnitt zwischen Telophase der Mitose und Prophase der folgenden Mitose ablaufen. Die Interphase ist nämlich die Wachstums- und in mancher Hinsicht Verdoppelungsphase, welche erst die Voraussetzungen für eine erfolgreiche Zellvermehrung durch Mitose schafft.

Im Lebenszyklus der Zelle ist die identische Reduplikation des genetischen Materials von grundlegender Bedeutung. UV-photometrische (WALKER und YATES, 1952; RICHARDS, WALKER und DEELY, 1956) sowie zahlreiche autoradiographische Untersuchungen mit markiertem Thymidin, dem spezifischen Nukleosid der DNS (u.a. HOWARD und PELC, 1953; FIRKET und VERLY, 1958; QUASTLER und SHERMAN, 1959; TAYLOR, 1960; DEFENDI und MANSON, 1961; CAMERON, 1964; PILGRIM und MAURER, 1965; WEISSENFELS und LÖBBECKE, 1968), haben gezeigt, daß bei den meisten Zellen höherer Organismen nur in einem mittleren Zeitraum der Interphase DNS synthetisiert wird. Dies führte zu einer Untergliederung der Interphase. Nach einem Vorschlag von HOWARD und PELC (1953) wird der Zeitraum der DNS-Synthese S-Phase (synthetic phase) genannt und die Abschnitte vor bzw. nach der S-Phase werden als G_1-(postmitotic gap) bzw. G_2-Phase (promitotic gap) bezeichnet.

Nach früheren Untersuchungen (u.a. HARRIS, 1959; BASERGA, 1962; MACIEIRA-COELHO, PONTEN und PHILIPSON, 1966; WEISSENFELS, 1968a) sind die Zellen während der gesamten Interphase zur RNS-Synthese befähigt. KILLANDER und ZETTERBERG (1965) stellten darüber hinaus auch schon eine Verdoppelung der RNS-Syntheserate vom Anfang bis zum Ende der Interphase fest. Ihr Bezugssystem zur Bestimmung des Interphasealters war das Trockengewicht gezüchteter Zellen, das sich im gleichen Zeitraum ebenfalls verdoppelt und weitgehend das Resultat einer entsprechend starken Eiweißsynthese ist.

Die Erforschung der Synthesevorgänge hat also erkennen lassen, daß die Mitose lediglich die Endphase des komplizierten
Geschehens im gesamten Lebenszyklus der Zelle darstellt. Die
Daten über die morphologischen Gesetzmäßigkeiten des Interphaseablaufs müssen vergleichsweise als mager bezeichnet werden, zumal sie prinzipiell von Interesse, aber auch notwendige Voraussetzung zur Beurteilung zellpathologischer Abweichungen sind, etwa infolge eines Strahleneinflusses.

Der vorliegende Bericht soll einen Teil der vorhandenen
Lücken schließen. Er soll auch die erheblichen Schwierigkeiten
aufzeigen, die sich der morphologischen Analyse des zellulären
Lebenszyklus in den Weg stellen.

2. Material und Methoden

Bei biologischen Fragestellungen spielt die Gunst des gewählten
Versuchsobjektes eine entscheidende Rolle. Für die cytologische
Grundlagenforschung eignen sich gezüchtete Zellen in ganz besonderer Weise. Diese Zellen breiten sich nämlich in vitro ne-
beneinander so flach aus, daß ihre Bestandteile weitgehend in
einer optischen Ebene liegen und sich zur Untersuchung im Leben
und im fixierten Zustand direkt anbieten. Sehr positiv wirkt
sich auch der Umstand aus, daß teilungsfähige Zellen in vitro
durch den Wegfall der Korrelationskräfte des Herkunftsorganis-
mus rasch eine Rückdifferenzierung durchmachen und dann im ur-
sprünglichen Zustand nahezu ideale Modelle für Grundlagenver-
suche darstellen (WEISSENFELS, 1968b).

2.1 Objekt

Myoblasten aus der Herzspitze 9 Tage alter Hühnerembryonen wurden für die Lebendbeobachtung unmittelbar in einer von WEISSEN-
FELS (1968a) konstruierten Kultur- und Beobachtungskammer, für
die Gewinnung von Dauerpräparaten auf Deckgläsern in Polypro-
pylenschalen gezüchtet. Als Nahrung der Plasmakulturen diente
das synthetische TCM (tissue culture medium) der Behringwerke
(Marburg/Lahn), bzw. das TCM 199 der Difco Laboratories (De-
troit, Michigan, USA), dem 3 % Hühnerembryonalextrakt und 1 %
Serum aus menschlichem Nabelschnurblut beigemischt wurden.

2.2 Lebendbeobachtung

Jeweils eine mit embryonalem Hühnerherzgewebe beschickte Beobachtungskammer wurde unmittelbar nach Kulturansatz in einem
mittels Hüllthermostat (Eigenbau) auf $38 \pm 0,1^{\circ}$ C vorgewärmten
Wild-Umkehrmikroskop M 40 über einem Fluotar-Objektiv 40/0,75
pH so montiert, daß die phasenkontrastmikroskopische Lebendbeobachtung der Zellen im Wachstumshof der Primärkultur ohne weitere Manipulation einsetzen konnte. Dieses Vorgehen garantiert
eine Temperaturkonstanz vom Kulturansatz an. Es wurden aus-
schließlich Zellen der mittleren und äußeren Wachstumszone be-
obachtet und fotografiert, bei denen die Rückdifferenzierung
garantiert eingetreten war.

Die Anfertigung der Mikrofotos erfolgte bei 8facher Okular-
vergrößerung mit der Zeiss-Aufsetzkamera auf Adox-Film KB 14.

2.3 Röntgenbestrahlung

Als Bestrahlungsgerät stand eine mit Berylliumfenster (Eigen-
filterwert 1,6mm Be) ausgerüstete Spektralanalysenröhre zum
Röntgenapparat MG 150 der Firma Müller, Hamburg, zur Verfügung.
Die Bestrahlung der Gewebekulturen erfolgte bei 70 kV und 28 mA
im Abstand von 41 cm durch ein 0,6mm dickes Aluminiumfilter.
Die Deckglaskulturen wurden in den verschlossenen Polypropylen-
schalen bestrahlt, um ihre Sterilität zu garantieren. Das Poly-

propylen besitzt keine zusätzliche Filterwirkung. Um eine zwischenzeitliche Abkühlung der Kulturen mit den negativen Einflüssen auf das Wachstum und die Vermehrung der Zellen zu vermeiden, erfolgte die Bestrahlung durch eine verschließbare Öffnung im Dach des Brutschrankes. Die Versuchsobjekte erhielten eine Dosis von 1200 R. Mit einer Weichstrahlkammer wurde die Dosis gemessen. Die Untersuchung auf Röntgenschäden wurde 1, 3, 8 und 12 Stunden nach der Strahlenapplikation vorgenommen.

2.4 Herstellung von Dauerpräparaten

Die bestrahlten Deckglaskulturen sowie die entsprechenden Kontrollen wurden dem folgenden Präparationsgang unterworfen:
Fixierung: 0,2 M (= 2 %) Glutaraldehyd und 0,2 M (= 6,9 %) Rohrzucker in 0,1 M Cacodylatpufferlösung, pH 7,4, 4° C, 30 min (HÜNDGEN, SCHÄFER und WEISSENFELS, 1971).
Wässerung: Aqua bidest., 10 mal 6 min.
Färbung: Hämalaun nach Mayer, 2 Std.
Wässerung: Aqua bidest., 3 mal 5 min, anschließend 4 mal 15 min Leitungswasser.
Einbettung: Glyceringelatine.

Für die mikroskopische Untersuchung diente ein Leitz-Ortholux-Mikroskop mit Hellfeld- und Phasenkontrasteinrichtung (70 x 10 Objektiv-Okularvergrößerung). Die Mikrofotos wurden mit einem Leitz-Orthomaten auf Adox-Film KB 14 angefertigt.

2.5 Morphometrische Messungen

Da alle Zellkerne während der Interphase eine Wachstumsperiode durchlaufen (WEISSENFELS, 1964 und 1968a), eignet sich die Kernfläche der in vitro flach ausgebreiteten Zellen vorzüglich als Bezugssystem zur Bestimmung des Interphasealters. Zur Kernflächenbestimmung bot sich das "pattern-point-system" an (MERZ, 1967). Auf 2500fach vergrößerte Mikrofotos der kultivierten Myoblasten wurde ein regelmäßiges 3mm-Punktraster aufgelegt, um dann die Deckungspunkte über den zu bestimmenden Flächen auszählen zu können. Dieses Verfahren ist nach den kritischen Untersuchungen von WEIBEL, KISTLER und SCHERLE (1966) sowie von MERZ (1967) zur quantitativen Analyse cytologischer Fragestellungen durchaus geeignet. Der Meßfehler lag im Rahmen der Lebenduntersuchungen im Bereich von $\pm$ 2 %; beim fixierten Material wurden die Zählergebnisse auf ihre Reproduzierbarkeit geprüft und durch insgesamt 2000 vermessene Zellkerne statistisch gesichert.

3. Ergebnisse

Untersuchungen über die Wirkung von Röntgenstrahlen auf den
Teilungszyklus kultivierter Zellen setzen absolute Klarheit
über ihr Normalverhalten voraus. AMTHAUER (unveröffentlicht)
hat in diesem Sinne den gesamten Lebenszyklus einer größeren
Anzahl von Zellen phasenkontrastmikroskopisch in Fotoserien
erfaßt. Ein Auszug seiner morphologischen Analyse folgt im
ersten Ergebnisteil.

3.1 Der Lebenszyklus kultivierter Hühnerherzzellen

Wenige Stunden nach Einbringen von embryonalem Hühnerherzgewebe in die Kultur- und Beobachtungskammer beginnt in physiologischer Nährlösung und bei physiologischer Wärme das Aus-
wachsen rückdifferenzierter Myoblasten aus dem Mutterstück in
das Kulturmedium. Nach annähernd 18 Stunden ist ein kleiner
Wachstumshof entstanden, der aus in radiärer Richtung abwandernden Interphasezellen besteht, zwischen denen sich einzel-
ne, mehr oder wenig stark abgekugelte Zellen in Mitose befinden. Bei starker Objektivvergrößerung erkennt man in den
fibroblastenartigen Zellen (Abb. 1) den Kern mit zwei Nukleolen
oder einem Doppelnukleolus, in Kernnähe das diffus struktur-
ierte Centroplasma, im hyalinen Cytoplasma fadenförmige Mitochondrien unterschiedlicher Länge, kontrastreiche Cytosomen
mit Lysosomencharakter und helle Fetttropfen.

3.1.1 Die Mitose

Obwohl das Interphasegeschehen im Mittelpunkt des Interesses
dieser Untersuchung steht, sollen zur Abrundung des Bildes die
wichtigsten Daten bez. des Mitoseablaufs der kultivierten Hühnerherzzellen vorangeschickt werden. Hierbei kann es sich nur
um eine Bestätigung bzw. Ergänzung früherer Beschreibungen han-
deln. Schränkt man diese auf in vitro kultivierte Zellen ein,
so ist u.a. die zusammenfassende Darstellung von LEVI (1934)
zu nennen. Später haben dann noch die Untersuchungen von FELL
und HUGHES (1949), MOORHEAD und HSU (1956) sowie RAO und ENGEL-
BERG (1968) eine besondere Bedeutung erlangt.

Die folgende Beschreibung der Zellteilung kultivierter Hühnerherzzellen soll in Ergänzung zur klassischen Definition der
Mitose und ihrer Teilphasen die Dynamik des Teilungsgeschehens
klarstellen, wie sie allgemein bei den Zellen in vitro beobach-
tet werden kann. Die Bildserie der Abb. 2 stellt den Mitoseab-
lauf einer Hühnerherzzelle in Zeitsprüngen von 3 min dar. Der
halbschematischen Darstellung in Abb. 3 ist für den analogen
Prozeß die Teilphasenbezeichnung sowie eine Zeitskala beige-
fügt.

Der Mitosebeginn läßt sich nur subjektiv festlegen. Der Zell-
kern kerbt sich häufig etwa 15 min vor Beginn der Mitose ein.
Für die Amitose wurde von PEHLEMANN (1968) ein vergleichbarer
Vorgang beschrieben.

Die früe Prophase deutet sich durch die beginnende Retrak-
tion der Pseudopodien an. Fast gleichzeitig beginnt die Kondensation der Chromosomen (Abb. 2, O. min), die durch eine feine
Strukturierung des zuvor optisch homogenen Kerns in Erscheinung
tritt. Die Nukleolen sind zu dieser Zeit noch deutlich kontu-
riert. Während der Pseudopodienretraktion kugelt sich die Zelle
zunehmend ab. Tropfenförmige Cytoplasmareste in den terminalen
Ausläuferbereichen werden erst im weiteren Verlauf der Mitose
in den Zellkörper einbezogen (Abb. 2, 6. - 24. min). Mit zu-
nehmender Kondensation der Chromosomen erscheint der Kern bald
grob granuliert, und auch die Nukleolen "verdämmern" innerhalb
weniger Minuten (Abb. 2, 6. - 9. min). Zu dieser Zeit löst sich
die Kernmembran auf (Abb. 2, 9. min), wonach die frühe Prophase
als beendet gilt.

In der späten Prophase kugeln sich die kultivierten Zellen
so sehr ab, daß in der Regel die Lebendbeobachtung der Zell-
differenzierungen, insbesondere der Chromosomen, schwierig ist
(Abb. 2, 12. min). Sind die optischen Verhältnisse infolge einer
geringfügigeren Abkugelung günstig, dann treten in der späten
Prophase die einzelnen Chromosomen in Erscheinung. Diese ordnen
sich in der Regel zunächst parallel zur Bodenplatte der Kulturkammer radiär an. Kommt es zu einer Drehung der Teilungsspindel um 90°, dann richtet sich die Metaphaseplatte senkrecht
zur Bodenplatte der Kulturkammer auf. Die Teilungsspindel ist
phasenoptisch nicht sichtbar, konnte aber von HUGHES und SWANN
(1948) polarisationsoptisch und auch nach geeigneter Fixierung
(WEISSENFELS, 1964) sichtbar gemacht werden. Mit der vollstän-
digen Einordnung der Chromosomen in die Metaphaseplatte ist die
späte Prophase beendet.

Während der Metaphase verbleiben die Chromosomen in der Äqua-
torialebene, in der sie leichte Bewegungen ausführen.

Die Anaphase setzt mit dem plötzlichen, synchronen Auseinan-
derrücken der Chromatiden ein, die nunmehr die morphologische
Wertigkeit von Chromosomen erlangen. Zwischen den zu dem Spin-
delpol hin abwandernden Chromosomen entsteht im Bereich der
Zentralfasern eine ausgedehnte helle Zone. Der Zelleib hat inzwischen eine ellipsoide Gestalt angenommen.

Während der Anaphase und Telophase fallen bläschenförmige,
hyalin aussehende Protrusionen ins Auge. Sie treten scheinbar
unvermittelt aus der Zelloberfläche hervor (Abb. 2, 12. - 36.
min). Die Protrusionsphase läßt sich mit 5 - 10 sec, die Re-
traktionsphase mit 15 - 60 sec angeben. Die in rascher Folge
mal hier, mal dort entstehenden und wieder verschwindenden
"Blebs" hinterlassen den Eindruck einer "brodelnden" Zelloberfläche. Vereinzelte Blebs treten bereits in der Metaphase, mit-
unter sogar schon in der späten Prophase auf. Über die funktio-
nelle Bedeutung der Protrusionen ist erst wenig bekannt.

Gegen Ende der Anaphase schnürt sich die Zelle auf der Höhe
der ehemaligen Äquatorialplatte ein und wird sanduhrförmig. Die
Chromosomen rücken unter den Spindelpolen zu einer kompakten
Masse zusammen (Abb. 2, 36. min).

Beim Übergang zur Telophase nimmt die Anzahl und die Endgröße
der Zellprotuberanzen merklich zu, und der zuvor beschriebene
Vorgang steigert sich schließlich zu einem heftigen "Stampfen"
der Zelle (Abb. 2, 36. min). Mit der Ausformung der beiden Tochterzellen ist die Telophase beendet.

Der Zellteilung folgt eine Rekonstruktionsphase der Tochterzellen, die sich zunächst abflachen, aber durch einen dünnen
Plasmastrang noch miteinander in Verbindung bleiben. Im Mittel-
bereich der Plasmabrücke liegt ein dicht strukturierter, schei-
benförmiger Zwischenkörper (FLEMING, 1891), dessen Entstehung
aus Anteilen des Spindelapparates im Schnürungsbereich der Zelle
schon während der Anaphase anzusetzen ist (BYERS und ABRAMSON,
1968).

In der frühen Rekonstruktionsphase sind die Zellkerne noch
nicht abgerundet. Sie heben sich zu dieser Zeit durch ihre gra-
nuläre Innenstruktur vom relativ dichten Cytoplasma nur schwach
ab. Nach weiteren 3 min werden pro Zellkern zwei Nukleolen sichtbar (Abb. 2, 42. min), die rasch an Größe und Kontrast gewinnen.
Die Rekonstruktionsphase kann als beendet gelten, wenn sich die
Oberfläche der Zellkerne geglättet und das Karyoplasma ein homo-
genes Aussehen angenommen hat.

Die streng gesetzmäßige Folge der einzelnen Teilphasen der
Mitose läßt eine konstante Dauer des Teilungsgeschehens defi-
nierter Zelltypen erwarten. Diese Vermutung hat sich nach 16
Beobachtungsserien des Mitoseablaufs jedoch nicht bewahrheitet.
Recht konstant sind nur die Zeitwerte für die Meta-, Ana- und
Telophase; größere Schwankungen treten von Fall zu Fall bei
der frühen und späten Prophase auf. Der Mittelwert für die Mitosedauer beträgt 32 + 3,5 min. Er ist durch die Berechnung
des 3fachen mittleren Fehlers bei einem Verläßlichkeitsniveau
von 99 % statistisch gesichert (HASELOFF und HOFFMANN, 1968).

Untersuchungen an Klonkulturen von HeLa-Zellen (RAO und
ENGELBERG, 1968) lassen vermuten, daß die relativ große Variationsbreite der Mitosedauer nicht Ausdruck einer genetischen
Heterogenität der Zellen, sondern unterschiedlicher Wachstums-
bedingungen ist (SISKEN, 1965).

3.1.2 Die Interphase

Die morphologische Analyse der Interphase von kultivierten Hühnerherzzellen wurde in 85 Fällen durchgeführt. Von 18 Versuchs-
reihen liegen entsprechende Mikrofotos vor. Für die Interphasedauer ergaben sich recht unterschiedliche Werte zwischen 9 Std
20 min und 22 Std, die der Tabelle in Abb. 4 zu entnehmen sind.
Eine Zelle, die sich auf Grund ihrer Kerngröße als tetraploid
auswies, benötigte 26 Std 50 min. Zwei über die gesamte Interphase beobachtete Schwesterzellen teilten sich im Zeitabstand
von 3 Std 20 min. In einigen Fällen traten zuvor mitotisch ge-
teilte Zellen nach 36 Std langer Beobachtung nicht in eine neue
Mitose ein.

Läßt man die beiden Extremwerte in Abb. 4 unberücksichtigt,
so beträgt die mittlere Interphasedauer von 16 repräsentativen
Zellen 16 Std 55 min + 2 Std 30 min. Dieser Wert wurde durch
die Berechnung des 3fachen mittleren Fehlers bei einem Verläßlichkeitsniveau von 99 % statistisch gesichert (HASELOFF und
HOFFMANN, 1968).

Als Erklärung für die zum Teil recht erheblichen Zeitdif-
ferenzen läßt sich anführen, daß die meisten Zellpopulationen
etablierter Zellstämme genetisch uneinheitlich sind (u.a. SIS-
KEN, 1963), und daß selbst in Klonkulturen die genetische Iden-

tität der Zellen nicht lange erhalten bleibt (HSU, 1959). Zellpopulationen von Primärkulturen sollen zwar genetisch recht
stabil, cytologisch oft aber nicht homogen sein.

Fragt man nach der Ursache für die unterschiedliche Interphasedauer genetisch gleicher Zellen, so kann die in der Regel
ungleiche Verteilung des Cytoplasmas bei der Cytokinese als
Erklärung dienen. Bei Amöben verhält sich die initiale Zell-
größe zur Interphasedauer umgekehrt proportional, d.h. je grö-
ßer eine Amöbe zu Beginn der Interphase ist, umso schneller
wird sie beendet (PRESCOTT, 1956). Besondere Bedeutung kommt
dem Befund zu, daß in zweikernigen Zellen die Schwesterkerne
weitgehend synchronisiert sind, was sich u.a. auch im Teilungs-
verhalten der folgenden Mitose äußert (PERA und SCHWARZACHER,
1968).

Für die große Variationsbreite der Interphasedauer einer
Zellpopulation muß insbesondere die G_1-Phase verantwortlich
gemacht werden. Da die Zellen beim Eintritt in die S-Phase
keine nennenswerten Größendifferenzen aufweisen (KILLANDER
und ZETTERBERG, 1965), laufen während der G_1-Phase anschei-
nend Aufhol- und Angleichungsvorgänge ab, die mehr oder
weniger viel Zeit benötigen. Die Längen der einzelnen Teilphasen bestimmen insgesamt aber nicht rein zufällig und un-
abhängig voneinander die Dauer der Interphase, sondern es re-
gulieren wahrscheinlich kompensatorische Mechanismen die Dauer
der aufeinanderfolgenden Phasen (SISKEN und MORASCA, 1965).

Die Interphaselänge ist sehr stark auch von Umweltfaktoren
abhängig. Schon geringe Unregelmäßigkeiten im Kulturansatz
führen zu Änderungen der mittleren Interphasedauer einer Zellpopulation (SISKEN, 1963). Ähnliches gilt hinsichtlich der
Temperaturschwankungen. Die Dauer der G_1-Phase wird von den
Ernährungs- und Temperaturfaktoren vorrangig beeinflußt.

Auch vergleichende autoradiographische Untersuchungen des
Zellteilungszyklus verschiedener Zellarten in vitro und in
vivo haben erbracht, daß die Interphasedauer im wesentlichen
von der Länge der G_1-Phase abhängt. Das weitere Interphasegeschehen folgt durchweg einer ziemlich einheitlichen Zeitskala
(PILGRIM und MAURER, 1965).

Bei der Ermittlung der Interphasedauer durch fortlaufende
Lebendbeobachtung der Zellen unter dem thermostatisierten Mikroskop muß mit einem negativen Belichtungseinfluß und anderen
störenden Faktoren gerechnet werden. Aus diesem Grund fehlte
es nicht an Versuchen, die Dauer des Lebenszyklus der Zellen
mit Hilfe der mittleren Mitosedauer und des Mitoseindex (Pro-
zentsatz der in Teilung befindlichen Zellen) zu berechnen.
Dieses Vorhaben läßt sich bei asynchron und exponentiell
wachsenden Zellpopulationen nach SMITH und DENDY (1962) anhand
der folgenden Gleichung durchführen:

$$\frac{\text{Dauer des Lebenszyklus}}{100\ (\%)} = \frac{\text{Mitosedauer}}{\text{Mitoseindex}\ (\%)}\ \ln 2$$

Diese Gleichung berücksichtigt, daß die Altersverteilung der
Zellen im Verlauf des Kulturwachstums nicht konstant ist, son-
dern daß vielmehr die relative Häufigkeit der Zellen gleichen
Interphasealters über den Zeitraum eines Zellteilungszyklus um
den Faktor 2 abnimmt (LENNARTZ und MAURER, 1964; KILLANDER und
ZETTERBERG, 1965; SISKEN und MORASCA, 1965).

Die Berechnung nach der angeführten Gleichung setzt voraus,
daß sämtliche zur Auswertung gelangenden Zellen im gleichen
Maße an der Zellvermehrung teilnehmen. Hiervon kann aber nicht
die Rede sein, weil auch unter optimalen Kulturbedingungen eine
mehr oder weniger große Anzahl von Zellen angetroffen wird,
deren Interphase extrem verlängert ist bzw. gar nicht zu Ende
geführt wird.

Nach dem Gesagten ist die Bestimmung der Dauer des Lebenszyklus sowohl durch Lebendbeobachtung als auch durch Berechnung
zwangsläufig fehlerhaft. Welches der beiden Verfahren die zu-
verlässigeren Werte liefert, kann zur Zeit noch nicht entschie-
den werden.

3.1.3 Die Wachstumskurve der Interphasekerne

Bei der phasenkontrastmikroskopischen Lebendbeobachtung erkennt
man unschwer, daß die kultivierten Hühnerherzzellen und mit
ihnen die Zellkerne im Verlauf der Interphase ein Wachstum
durchmachen. Damit stellt sich die Frage nach der Gesetzmäßig-
keit dieses Grundvorgangs. Zu ihrer Klärung wurde in 18 Auf-
nahmeserien jeweils eine mitotisch entstandene Zelle über die
gesamte Interphase im Zeitabstand von einigen Minuten bis zum
Eintritt in die nächste Teilung fortlaufend fotografiert.

Anhand der Bildserie in Abb. 5 läßt sich die Flächenvergrö-
ßerung der Zellkerne klar ablesen und dabei auf die Volumenzu-
nahme der Zellen schließen. Die Kernfläche wurde verwendet,
weil der Umriß der Zelle relativ schlecht bestimmbar ist. Die
Kern-Plasma-Relation gestattet diese Verfahrensweise (LINZBACH,
1955). Da die Kerne in den gezüchteten Hühnerherzzellen etwa
1 µ dick sind, ist der durch Vernachlässigung der dritten Di-
mension bedingte Volumenfehler tragbar.

Überträgt man die mit Hilfe der Rastermethode gewonnenen
Werte in ein Koordinatensystem mit dem Interphasealter der
Zelle an der Abszisse und den Kernflächen an der Ordinate,
dann ergibt sich eine Kernflächenkurve, aus der sich das Kernwachstum ablesen läßt.

In Abb. 6 ist die typische Kernflächenkurve einer diploiden
Hühnerherzzelle dargestellt. Ihre Interphase dauerte 19 Std
20 min. Für die Mitose wurde die mittlere Dauer von 32 min ein-
getragen. Die Kurvenpunkte stellen jeweils Mittelwerte von meh-
reren Meßwerten aus kurzen Zeitabschnitten der Interphase dar.
Da für die Zeit unmittelbar nach und vor der Mitose hinsichtlich des Kurvenverlaufs nur relativ wenige und auch wenig zu-
verlässige Meßwerte vorliegen, wurde in Abb. 6 der Anfangs-
und Endbereich der Kurve gestrichelt gezeichnet.

Die Kurve bringt zum Ausdruck, daß die Kernfläche zu Beginn
der Interphase rasch um ein Vielfaches zunimmt. Im langen Mit-
telbereich ist ein langsamer, fast linearer Anstieg zu verzeich-
nen. Der höchste Flächenwert wird etwa 1 Std vor Abschluß der
Interphase erreicht. Im Verlauf der letzten Stunde fällt die
Kernflächenkurve bis zur Mitose steil ab,wofür die prämitotische
Kernabkugelung verantwortlich ist. Der leicht unregelmäßige Verlauf im Mittelabschnitt der Kurve dürfte in erster Linie durch
den wechselnden Grad der Zell- und somit auch der Kernabflachung
während der Interphase bedingt sein.

Um eine allgemeingültige Aussage über das Kernwachstum diploider Hühnerherzzellen in der Interphase machen zu können, wurde aus 8 Kernflächenkurven (Abb. 4, Vers.-Nr. 6 - 13) eine Mittelwertskurve konstruiert (Abb. 7). Da die Interphasedauer der Zellen unterschiedlich und auch der höchste Flächenwert der Kerne etwa 1 Std vor Abschluß der Interphase nicht einheitlich ist, mußten zunächst alle Einzelkurven in der Abszisse auf die mittlere Mitosedauer von 16 Std 55 min und in der Ordinate 1 Std vor Mitosebeginn auf den Flächenwert von 110 Rasterpunkten gedehnt bzw. gestaucht werden. Die erhaltene Summenkurve (Abb. 7) kann auf Grund ihrer hohen Zuverlässigkeit zur Bestimmung des Interphasealters von kultivierten diploiden Hühnerherzzellen herangezogen werden.

3.2 Die Wirkung subletaler Röntgendosen auf den Lebenszyklus kultivierter Hühnerherzzellen

Beim zuvor beschriebenen Stand der Kenntnisse rückte die Analyse der subletalen Strahlenwirkung auf den Lebenszyklus der Zellen in den Bereich des Möglichen. Hierbei war aus naheliegenden Gründen an die phasenkontrastmikroskopische Lebendbeobachtung subletal bestrahlter Hühnerherzzellen von der Mitose über die ganze Interphase bis zur nachfolgenden Mitose gedacht. Es sollte festgestellt werden, ob die Kernflächenkurve dieser Zellen auf Grund charakteristischer Abweichungen von der Normalkurve (Abb. 7) Rückschlüsse auf teilphasenspezifische Störungen des Lebenszyklus gestatten, und inwieweit hiermit die folgenden Resultate einer größeren Anzahl von Autoren in Einklang stehen.

Weit verbreitet ist die Auffassung, der mitotische Prozeß sei außerordentlich empfindlich gegen Bestrahlung (KREBS, 1968). Als besonders strahlensensibel wird vielfach die frühe Prophase angesehen (SAX und SWANSON, 1941; KOLLER, 1946). Nach YAMADA und PUCK (1961) sollen Zellen in G_2-Phase empfindlich gegen niedere Strahlendosen sein. Hiermit stimmt in etwa überein, daß teilungsbereite Zellen nach Bestrahlung verzögert in Mitose gehen (PETERS, 1954; STROUD und BRUES, 1954; POMERAT, KENT und LOGIE, 1957; LEVIS, 1962; KIMBALL und VOGT-KÖHNE, 1962; HORST und RUDNICKI, 1962). MARQUARDT und GRUNDMANN (1958) stellen darüber hinaus fest, daß Zellkerne von Vicia faba, die auf Grund ihres Gehaltes an DNS mitosereif sind, nach Röntgenbestrahlung nicht in die Teilung eintreten. Das mitosefreie Intervall beträgt im Wurzelmeristem von Vicia faba nach 420 R 6 Stunden und nach 550 R 12 Stunden (JÜNGLING und LANGENDORFF, 1930). Von einer offenbar gegebenen Dosisabhängigkeit berichtet auch PETERS (1962), nach dessen Beobachtung die Teilungsrate der Zellen mit steigender Dosisbelastung abnimmt. Da dem Zellkern, insbesondere der DNS für die Entwicklung der Strahlenwirkung eine hohe Bedeutung beigemessen wird (STREFFER, 1969), ist noch die folgende, auf die S-Phase bezogene Angabe von Interesse. Nach HAGEN (1956 und 1958) befinden sich 24 bis 30 Stunden nach partieller Hepatektomie die meisten Leberzellen im Stadium der DNS-Synthese (S-Phase) und sind zu dieser Zeit mit SH-Körpern besonders schlecht vor Strahlenschäden zu schützen. Der Autor stellt mit dieser Äußerung offenbar eine besondere Strahlenempfindlichkeit seines Zellenmaterials in der S-Phase zur Diskussion. GERBAULET, BRÜCKNER und MAURER (1961) berichten von einer drastischen Drosselung der DNS-Synthese bei Mäusen 2 Stunden nach 800 R Ganzkörperbestrahlung. SCHERER und

STENDER (1963) führen hingegen den Gesichtspunkt an, daß bei
strahlenbedingter Mitosehemmung die DNS-Synthese nicht not-
wendig unterbrochen und deshalb mit der <u>Polyploidisierung</u>
dieser Zellen zu rechnen ist.

Die hier in Kürze und auch nur unvollständig gegebene Über-
sicht hinterläßt den Eindruck, daß zur Zeit keine einheitliche
Vorstellung über die Strahlenwirkung auf den Lebenszyklus der
Zelle besteht. Man kann sogar mit GRUNDMANN (1964) der Auffassung sein, daß es trotz intensiver Bemühungen noch keine
schlüssige Erklärung für die Behinderung des Mitosebeginns
nach Strahleneinwirkung gibt. Berücksichtigt man den Umstand,
daß die angeführten Autoren zum Teil sehr unterschiedliches
Versuchsmaterial verwendeten, und daß auch die Art und Weise
der Bestrahlung nur in seltenen Fällen direkt vergleichbar ist,
so erklärt sich damit zu einem großen Teil die Heterogenität
der vorliegenden Resultate und der hieraus gezogenen Schluß-
folgerungen.

Was die diesem Bericht zugrunde liegenden Versuche anbe-
trifft, so sind die Voraussetzungen insofern günstig, als schon
eine größere Anzahl von exakt vergleichbaren Resultaten vor-
liegt. Hier sind in erster Linie die Untersuchungen von WENDT
über die direkte und indirekte Strahlenwirkung auf Hühnerembryonen anzuführen. Er stellte fest, daß mit 1500 R ganzkörperbe-
strahlte Hühnerembryonen wenige Stunden später absterben, die
gleiche Dosis bei gezüchteten Zellen vergleichbarer Embryonen
jedoch nur subletal wirkt (WENDT, 1966). Er erklärt diesen
Effekt durch den Wegfall der indirekten Strahlenwirkung und
schreibt den subletalen Strahleneffekt der direkten Strahlenwirkung zu, die ein Ausdruck intrazellulär absorbierter Strah-
lenenergie sein soll. Die Frage nach der subletalen Strahlenwirkung auf kultivierte Zellen läßt sich seiner Meinung nach
mit Strahlendosen im Bereich von 200 - 2500 R angehen. 3000 R
führen nämlich nach ca 10 Std bei ca 5 % der Zellen zum Tode.
Nach 3500 R steigt in der gleichen Zeit die Todesquote auf
85 % und erhöht sich von 4000 - 32000 R nur noch unwesentlich.

Auf der Grundlage dieser Ergebnisse wurde inzwischen mit
subletalen Röntgendosen die licht- und elektronenmikroskopische
Strukturanalyse durchgeführt. Einige interessante Details seien
hier angeführt.

WENDT (1960) berichtet, daß mitosebereite Zellen in vitro
sich schon 15 - 30 min nach einer Bestrahlung mit 1000 R abrun-
den und nach etwa 40 - 50 min eine sehr starke Plasmaströmung
aufweisen, die sich stetig steigert bis schließlich die gesamte
Zelle heftige Stampfbewegungen ausführt. Dabei kommt es nicht
selten zur Ausstoßung des Zellkerns und schließlich zum Absterben aller Zellanteile. Als gesichert kann auch die Kern- und
Nukleolusschwellung sowie die Nukleolarextrusion und das Auf-
treten von amitotischen Kernteilungen bei kultivierten Hühnerherzzellen nach subletalen Strahlendosen gelten (WENDT, 1966).

SCHÄFER (1965) befaßte sich mit den subletalen Strahlenschäden im Feinstrukturbereich der gleichen Zellen. Er appli-
zierte 1200 R und 2400 R. Ohne hier auf seine detaillierte
Analyse der reversiblen Veränderungen cytoplasmatischer Strukturen näher einzugehen, sei erwähnt, daß bei Verwendung von
1200 R die morphologisch erkennbaren Schäden nach 10 Std behoben sind. Die Mitosetätigkeit kommt nach 6 - 8 Stunden lang-

sam wieder in Gang und ist nach insgesamt 20 Std wieder normal.
Die Angaben über den reversiblen Schadensverlauf nach 2400 R
unterscheiden sich von den vorherigen nur im Detail.

In diesem Sinne läßt sich auch die Wirkung subletaler Röntgendosen (1200 R und 2400 R) auf das Verdauungssystem kultivierter Hühnerherzzellen deuten, denn der zwischenzeitlich er-
kennbare Schaden ist nach etwa 12 Std behoben (NEUBERT-KIRFEL,
1970).

NEUBERT-KIRFEL (1970) führte ihre Untersuchungen anhand
statistischer Erhebungen durch. Sie stellte fest, daß der Mi-
tosestop sowie eine allgemeine Kernschwellung zu einer Ver-
schiebung der Kerngrößenverteilung führen, die den Vergleich
von bestrahlten und unbestrahlten Zellen der einzelnen Kern-
größenklassen, die im Normalfall ein ganz bestimmtes Interphasealter repräsentieren, sehr erschweren.

Somit ergeben sich für die Beurteilung der Strahlenwirkung
auf die einzelnen Teilphasen des Lebenszyklus kultivierter
Zellen größere Schwierigkeiten, denn das im Normalfall anhand
der mittleren Kernflächenkurve (Abb. 7) ohne weiteres bestimm-
bare Interphasealter läßt sich kaum noch konkretisieren. Er-
schwerend wirkt auch der Umstand, daß Zellkulturen kurze Zeit
nach der Bestrahlung keine Mitosen aufweisen, womit der für
die Altersbestimmung von Interphasezellen notwendige Nullwert
entfällt. Außerdem sind diese Zellen im Zustand der subletalen
Strahlenschädigung gegen die physikalischen Einflüsse (Licht
und Temperatur) weitaus empfindlicher als im Normalfall. Kon-
kret ausgedrückt heißt das, die ohnehin schon zu erwartende
Kernschwellung nimmt noch größere Ausmaße an, und ein Großteil
der in die Lebendbeobachtung genommenen Zellen stirbt ab.

3.2.1 Die Mittelwerte der Kernflächen für die Interphaseviertel einer Kontrollkultur und von bestrahlten Kulturen

Unter diesen unerwartet ungünstigen Umständen blieb keine an-
dere Wahl, als die Wirkung der subletalen Röntgendosen auf den
Lebenszyklus kultivierter Hühnerherzzellen an fixierten Kulturen nach statistischen Gesichtspunkten zu ermitteln.

Stellt man von gut ausgewachsenen Zellkulturen Dauerpräpa-
rate her (2.4), so lassen sich in der mittleren und äußeren
Wachstumszone pro Population die Kerne von 400 Zellen ohne
Schwierigkeit morphometrisch vermessen (2.5). Ordnet man die
Interphasekerne nach ihren steigenden Flächenwerten, bildet
Gruppen zu je 100 Kernen und errechnet daraus die Mittelwerte
der Kernflächen, so können diese wegen der Zeitchancengleich-
heit jeder einzelnen Zelle als repräsentativ für die einzelnen
Interphaseviertel der jeweiligen Population angesehen werden.
Trägt man nun die Mittelwerte in ein Koordinatensystem ein,
dessen Abszisse die Interphaseviertel (I bis IV in Abb. 8)
und dessen Ordinate die Kernfläche in Rasterpunkten angibt,
so läßt sich eine Kernflächenkurve gewinnen, die als verein-
fachte Ogivenkurve angesehen werden kann.

Die Verwendung von Interphasevierteln für diese Untersuchung ist übrigens nicht willkürlich zu verstehen, sondern
trägt einer autoradiographischen Analyse (WEISSENFELS und

LÖBBECKE, 1968) Rechnung, wonach die DNS-Synthese der Kerne
(siehe 3.2) von kultivierten Hühnerherzzellen ziemlich genau
mit Beginn des IV. Interphaseviertels einsetzt und über den
längsten Zeitraum dieses letzten Viertels andauert, das mit
der relativ kurzen G_2-Phase abschließt. Die G_1-Phase dieser
Zellen nimmt demnach den Zeitraum der drei ersten Interphaseviertel ein. Das I. Viertel ist durch die Zellrekonstruktion
(Anlaufphase) nach der Mitose entscheidend geprägt.

Verfährt man auch mit den 1, 3, 8 und 12 Std nach der Bestrahlung mit 1200 R fixierten Zellkulturen in der beschriebenen Art und Weise, so erhält man, die Kontrolle (K) einbezogen, fünf leicht S-förmige Kernflächenkurven (Abb. 8). Die
3 Std-Kurve liegt oberhalb der Kontrollkurve, und zwischen
diesen verlaufen die übrigen, sich schneidenden Kurven für
1, 8 und 12 Std nach Bestrahlung. Die Endpunkte (IV) der drei
letztgenannten Kurven weisen bez. ihrer Ordinatenwerte die um-
gekehrte Reihenfolge der Anfangspunkte (I) auf, was bemerkens-
wert, in dieser Darstellungsart aber wenig aufschlußreich ist.

An dieser Stelle sei vermerkt, daß die Zuordnung des bestrahlten Zellmaterials zum I. bis IV. Interphaseviertel aus
den bereits genannten Gründen problematisch ist. Da jedoch die
zum Zeitpunkt der Bestrahlung vorhandene Gesamtzahl der Zellen
durch den Strahleneinfluß kaum verringert wird, erscheint es
statthaft, die pro Zeitgruppe nach ihrem steigenden Flächenwert zu einer Serie geordneten und dann in vier Gruppen mit
gleicher Stückzahl (100) aufgeteilten Interphasekerne im Rück-
blick auf deren Größenhäufigkeitsverteilung zu Beginn des Mitosestops als den einzelnen, jeweils entsprechenden Interphasevierteln zugehörig zu bezeichnen.

3.2.2 Prozentuale Abweichung der Kernflächenmittelwerte für die Interphaseviertel von bestrahlten Kulturen

Soll die im Wirkungszeitraum nach der Bestrahlung registrier-
bare Veränderung der Kernflächen im Sinne der Teilphasenana-
lyse des Lebenszyklus für die einzelnen Interphaseviertel
klarer herausgestellt werden, so läßt sich - mit Bezug auf
den jeweiligen Kontrollwert der Interphaseviertel - die prozentuale Abweichung der Mittelwerte der Kernflächen heran-
ziehen (Abb. 9).

Was in der Literatur (siehe 3.2) "strahlenbedingte Kernschwellung" genannt wird, bringt der Kurvenverlauf in Abb. 9
differenziert zum Ausdruck. Da ist zunächst die auffallend
starke Kernflächenvergrößerung 3 Std nach der Bestrahlung zu
nennen. Sie ist mit dem Fehlen junger Tochterzellen infolge
Mitosestops, also dem Ausbleiben kleinkerniger Zellen zu Beginn des I. Interphaseviertels und mit dem "Auflaufeffekt" am
Ende des IV. Interphaseviertels alleine nicht zu erklären. An-
dernfalls müßten die beiden Kurven für 8 und 12 Std nach der
Bestrahlung über der 3 Std-Kurve liegen. Es handelt sich also
offensichtlich um eine allgemeine, vorübergehende Kernschwellung, die wenige Stunden nach der subletalen Bestrahlung ihr
größtes Ausmaß erreicht.

Die Kernschwellung kann nach insgesamt 8 Std als abgeschlos-
sen gelten, denn der 12 Std-Wert des I. Interphaseviertels

liegt nur noch unwesentlich unter dem 8 Std-Wert, der übrigens
durch die inzwischen sehr langsam wieder in Gang gekommene Mitosetätigkeit (SCHÄFER, 1965) nicht nennenswert beeinflußt ist,
was in abgeschwächter Form auch noch für den 12 Std-Wert gilt.

Der Umstand, daß die Mittelwerte der Kernflächen für die
Interphaseviertel (Abb. 8) nach Abklingen der Kernschwellung
immer noch deutlich über den Kontrollwerten liegen, spricht
gegen die absolute Stagnation des Interphasegeschehens zu dieser Zeit. So ist auch das Resultat von SCHÄFER (1965) zu verstehen, der den Feinstrukturzustand direkt vergleichbarer Zellen wieder durchaus normal vorfand. Die prozentuale Abweichung
der Kernflächenmittelwerte (Abb. 9) ist andererseits aber so
gering (maximal 25 % im I. Interphaseviertel, 8 Std nach Bestrahlung), daß sie nur einen Bruchteil der Wertdifferenz aus-
macht, die sich beim Vergleich mit normalen Zellen ergibt,
deren Kernwachstum über die dem Wirkungszeitraum der Bestrahlung entsprechend lange Zeit unbeeinflußt blieb. Hierzu fol-
gendes Beispiel:

Für die Kontrollkultur lautet der Kernflächenmittelwert im
I. Interphaseviertel 36 (Abb. 8); er ist 8 Std nach Bestrahlung um 25 % erhöht (Abb. 9) und beträgt somit 45 (Abb. 8).
Da die normale Interphase durchschnittlich 17 Std (Abb. 4),
jedes Interphaseviertel also 4,5 Std dauert, läßt sich aus
Abb. 8 für 8 Std alte normale Interphasezellen der Kernflä-
chenwert 55 interpolieren. Die Kernflächen unbestrahlter und
bestrahlter Zellen gleichen Ausgangsalters weisen also im angeführten Beispiel die Wertdifferenz 10 auf. Sie täuscht hier
ein relativ junges Interphasealter der bestrahlten Zellen vor,
ist in Wirklichkeit aber der Index für die Repression des Interphaseablaufs. Es versteht sich, daß der Index bei 12 Std
wesentlich höher liegt. Vor dem Abklingen der Kernschwellung
(etwa 3 Std nach Bestrahlung) ist der Index wertlos.

Das angeführte Beispiel läßt keinen Zweifel daran, daß die
Zustandsbeschreibung "Kernschwellung" die Strahlenwirkung auf
schnell proliferierende Zellen in vitro völlig unzureichend,
ja irreführend charakterisiert.

Das Interphasegeschehen subletal bestrahlter Zellen nimmt
also im I. Interphaseviertel stark verzögert seinen Fortgang.
Für die statistische Auswertung wäre dieses "Nachrücken" der
Zellen unproblematisch, wenn die prozentuale Erhöhung der
Kernflächenmittelwerte sich für die drei folgenden Interphaseviertel linear, nämlich als Gerade darstellen würde. Da das
nicht der Fall ist (Abb. 9), hat das "Nachrücken" einen ge-
wissen, schwer definierbaren Einfluß auf die Höhe des Kern-
flächenmittelwertes des jeweils nachfolgenden Interphaseviertels. Der daraus resultierende Fehler bez. der Kernflächenmittelwerte für das II. bis IV. Interphaseviertel
dürfte zwar relativ gering sein, die Diskussion muß aber
dennoch mit der pauschalen Bemerkung schließen, daß die Kur-
venminima sich nach der Bestrahlung mit der Zeit kontinuier-
lich nach links verschieben. Dieser Befund kann als schlep-
pender Fortgang der Interphase in allen Teilphasen mit zu-
nehmendem "Stau" am Interphaseende interpretiert werden.
Eine teilphasenspezifische Strahlenanfälligkeit zeichnet sich
also nicht ab. Der Stau wird erst mit der Behebung des Mitosestops 20 Std nach der subletalen Bestrahlung endgültig gelöst
(SCHÄFER, 1965). Dem ungehinderten Ablauf des Lebenszyklus

der kultivierten Hühnerherzzellen steht dann theoretisch nichts
mehr im Wege, womit über eventuelle Spätschäden in den Folge-
generationen dieser Zellen natürlich nichts gesagt sein soll.

AMTHAUER, H. H.: Der Lebenszyklus kultivierter Hühnerherzmyoblasten. Unveröffentlicht.

BASERGA, R.: A study of nucleic acid synthesis in ascites tumor cells by two-emulsion autoradiography. J. Cell Biol. 12, 633-637 (1962).

BYERS, B., and D. H. ABRAMSON: Cytokinesis in HeLa: Post-telophase delay and microtubule-associated motility. Protoplasma (Wien) 66, 413-435 (1968).

CAMERON, J. L.: Is the duration of DNA synthesis in somatic cells of mammals and birds a constant? J. Cell Biol. 20, 185-188 (1964).

DEFENDI, V., and L. A. MANSON: Studies of the relationship of DNA synthesis time to proliferation time in cultured mammalian cells. Path. et Biol. 9, 525-528 (1961).

FELL, H. B., and A. F. HUGHES: Mitosis in mouse: A study of living and fixed cells in tissue cultures. Quart. J. micr. Sci. 90, 355-380 (1949).

FIRKET, H., and V. G. VERLY: Autoradiographic visualization of synthesis of deoxyribonucleic acid in tissue culture with tritiumlabelled thymidine. Nature (Lond.) 181, 274-275 (1958).

FLEMING, W.: Neue Beiträge zur Kenntnis der Zelle. II. Theil. Arch. mikr. Anat. 37, 249-298 (1891).

FRITZ-NIGGLI, H.: Strahlenbiologie. Grundlagen und Ergebnisse. Thieme-Verlag, Stuttgart 1959.

GERBAULET, K., J. BRÜCKNER, und W. MAURER: Autoradiographische Untersuchungen über den Einfluß einer Röntgen-Ganzkörperbestrahlung auf die Eiweißsyntheserate im Zellkern. Naturwissenschaften 48, 526-527 (1961).

GRUNDMANN, E.: Allgemeine Cytologie. Thieme-Verlag, Stuttgart 1964.

HAGEN, U.: Die chemische Reaktionsfähigkeit von Sulfhydrilverbindungen und ihre Beziehung zur biologischen Strahlenschutzwirkung. Arzneimittelforsch. 6, 384 (1956).

HAGEN, U.: Radiosensitivity of Desoxyribonucleic Acid Synthesis in Regenerating Liver. Rad. Res. 9, Ref. Nr. 105, 125 (1958).

HARRIS, H.: Turnover of nuclear and cytoplasmic ribonucleic acids in two types of animal cells with some further observations of nucleolus. Biochem. J. 73, 362-369 (1959).

HASELOFF, O. W., und H. J. HOFFMANN: Kleines Lehrbuch der Statistik. W. de Gruyter u. Co, Berlin 1968.

HORST, A., und T. RUDNICKI: The effect of a medium dose (430 roentgens) of x-ray irradiation on resting cells of the liver. J. Cell Biol. 13, 261-268 (1962).

HOWARD, A., and S. R. PELC: Synthesis of deoxyribonucleic acid
in normal and irradiated cells and its relation to chromo-
some breakage. Heredity (Suppl.) 6, 261 (1953).

HSU, T. C.: Mammalian chromosomes in vitro. XI. Variability
among progenies of a single cell. Biological Contributions.
Univ. of Texas, Pub. No. 5914, 129-134 (1959).

HÜNDGEN, M., D. SCHÄFER, und N. WEISSENFELS: Der Fixierungs-
einfluß acht verschiedener Aldehyde auf die Ultrastruktur
kultivierter Zellen. Cytobiologie 3, 202-214 (1971).

HUGHES, A. F., and M. M. SWANN: Anaphase movements in living
cell. A study with phase contrast and polarised light on
chick tissue cultures. J. exp. Biol. 25, 45-70 (1948).

JÜNGLING, D., und H. LANGENDORFF: Über die Wirkung verschie-
den hoher Röntgendosen auf den Kernteilungsablauf bei
Vicia faba equina. Strahlentherapie 38, 1-10 (1930).

KILLANDER, D., and A. ZETTERBERG: A quantitative cytochemical
investigation of the relationship between cell mass and
initiation of DNA synthesis in mouse fibroblasts in vitro.
Exp. Cell Res. 40, 12-20 (1965).

KIMBALL, R. F., und L. VOGT-KÖHNE: Effects of radiation cell
and nuclear growth in Paramecium aurelia. Exp. Cell Res.
28, 228-238 (1962).

KOLLER, P. C.: The response of Tradescantia pollen grains to
radiation of different dosage-rates. Brit. J. Radiol. 19,
393-404 (1946).

KREBS, A.: Strahlenbiologie. Springer-Verlag, Berlin, Heidelberg und New York 1968.

LENNARTZ, K. J., und W. MAURER: Autoradiographische Bestimmung
der Dauer der DNS-Verdopplung und der Generationszeit beim
Ehrlich-Ascitestumor der Maus durch Doppelmarkierung mit
14C - und 3H - Thymidin. Z. Zellforsch. 63, 478-495 (1964).

LEVI, G.: Explantation. Besonders die Struktur und die biologischen Eigenschaften der in vitro gezüchteten Zellen und
Gewebe. Ergebn. Anat. Entwickl.-Gesch. 31, 125-707 (1934).

LEVIS, A. G.: Effetti dei raggi x sulla mitosi di cellule di
mammiferi coltivate in vitro. Caryologia (Firenze) 15, 59-
87 (1962).

LINZBACH, A.: Entwicklung und Wachstum I. In: F. BÜCHER, E.
LETTERER und F. ROULET (eds.): Handbuch der allgemeinen
Pathologie VI. Springer-Verlag, Berlin, Göttingen und
Heidelberg 1955.

MACIEIRA-COELHO, A., J. PONTEN, and L. PHILIPSON: The division cycle and RNA-synthesis in diploid human cells at
different passage levels in vitro. Exp. Cell Res. 42, 673-
684 (1966).

MARQUARDT, H., und E. GRUNDMANN: Der Gehalt an DNS von normalen und röntgenbestrahlten Interphasekernen bei Vicia faba.
8me Congr. Int. Bot. Paris 1954 (Compt. Rend. Sect. 9 und
10), S. 11-14 (1958).

MERZ, W.: Die Streckenmessung an gerichteten Strukturen im
Mikroskop und ihre Anwendung zur Bestimmung von Oberflächen-
Volumen-Relationen im Knochengewebe. Mikroskopie 22, 132-
142 (1967).

MOORHEAD, P. S., and T. C. HSU: Cytologic studies of HeLa, a
    strain of human cervical carcinoma. III. Durations and cha-
    racteristics of the mitotic phases. J. nat. Cancer Inst.
    16, 1047-1066 (1956).

NEUBERT-KIRFEL, D.: Die Wirkung subletaler Röntgendosen auf
    das Verdauungssystem kultivierter Hühnerherzmyoblasten.
    Protoplasma 70, 389-404 (1970).

PEHLEMANN, F. W.: Die amitotische Zellteilung. Eine elektronen-
    mikroskopische Untersuchung an Interrenalzellen von Rana
    temporaria. Z. Zellforsch. 84, 516-548 (1968).

PERA, F., and H. G. SCHWARZACHER: Formation and division of
    binucleate cells in kidney cell cultures of Microtus agres-
    tis. Humangenetik 6, 158-162 (1968).

PETERS, K.: Über die Bedeutung des Mediums für die Wirkung se-
    kundärer Strahlenprodukte auf die Mitosehäufigkeit in halb-
    bestrahlten Gewebekulturen. Z. Zellforsch. 40, 510-518
    (1954).

PETERS, K.: Untersuchungen über die Wirkung von schwachen Strah-
    lendosen auf Gewebekulturen in vitro. Strahlentherapie 118,
    481-502 (1962).

PILGRIM, C., und W. MAURER: Autoradiographische Untersuchungen
    über die Konstanz der DNS-Verdoppelungsdauer bei Zellarten
    von Maus und Ratte durch Doppelmarkierung mit 3H - und 14C -
    Thymidin. Exp. Cell Res. 37, 183-199 (1965).

POMERAT, C. M., S. P. KENT, and L. C. LOGIE: Irradiation of
    cells in tissue culture. II. Cinematographic analyses of
    cell enlargment and mitotic activity following Gamma irra-
    diation at 2000 r and 4000 r. Z. Zellforsch. 47, 175-197
    (1957).

PRESCOTT, D. M.: Relation between cell growth and cell divi-
    sion . II. The effect of cell size on cell growth rate and
    generation time in Amoeba proteus. Exp. Cell Res. 11, 86-
    94 (1956).

QUASTLER, H., und F. G. SHERMAN: Cell population kinetics in
    the intestinal epithelium of the mouse. Exp. Cell Res. 17,
    420-438 (1959).

RAO, P. N., and J. ENGELBERG: Mitotic duration and its varia-
    bility in relation to temperature in HeLa cells. Exp. Cell
    Res. 52, 198-208 (1968).

RICHARDS, B. M., P. M. B. WALKER, and E. M. DEELY: Changes in
    nuclear DNA in normal and ascites tumor cells. Ann. N. Y.
    Acad. Sci. 63, 831-851 (1956).

SAX, K., and C. P. SWANSON: Differential sensitivity of cells
    to x-rays. Amer. J. Bot. 28, 52-59 (1941).

SCHÄFER, D.: Über die Wirkung einer subletalen Röntgendosis
    auf gezüchtete Hühnerherzmyoblasten. Z. Zellforsch. 68,
    320-347 (1965).

SCHERER, E., und H.-ST. STENDER: Strahlenpathologie der Zelle.
    Thieme-Verlag, Stuttgart 1963.

SISKEN, J. E.: Analysis of variations in intermitotic time.
    In: G. ROSE (ed.): Cinemicrography in cell biology, p. 143-
    168 . Academic Press, New York and London 1963.

SISKEN, J. E.: Exposure time as a parameter in the effects of temperature on the duration of metaphase. Exp. Cell Res. 40, 436 (1965).

SISKEN, J. E., and L. MORASCA: Intrapopulation of the mitotic cycle. J. Cell Biol. 25, 2, 179-189 (1965).

SMITH, C. L., and P. P. DENDY: Relation between mitotic index, duration of mitosis, generation time and fraction of dividing cells in a cell population. Nature (Lond.) 193, 555-556 (1962).

STREFFER, C.: Strahlen-Biochemie. Springer-Verlag, Berlin, Heidelberg und New York 1969.

STROUD, A. N., and A. M. BRUES: Radiation effects in tissue culture. Texas Rep. Biol. Med. 12, 931-943 (1954).

TAYLOR, J. H.: Nucleic acid synthesis in relation to the cell division cycle. Ann. N. Y. Acad. Sci. 90, 409-421 (1960).

WALKER, P. M. B., and H. YATES: Nuclear components of dividing cells. Proc. roy. Soc. (Lond.) B 140, 274-299 (1952).

WEIBEL, E. R., G. S. KISTLER, and W. F. SCHERLE: Practical stereological methods for morphometric cytology. J. Cell Biol. 30, 23-38 (1966).

WEISSENFELS, N.: Struktur und Verhalten der Nukleolen von Hühnerherzmyoblasten in Gewebekultur während des Interphasewachstums und der Mitose. Z. Zellforsch. 62, 667-700 (1964).

WEISSENFELS, N.: Die Gewebezüchtung im Dienste der experimentellen Zellforschung. Arbeitsgemeinschaft für Forschung des Landes Nordrhein-Westfalen. Westdeutscher Verlag, Opladen und Köln, H. 180, 43-74 (1968a).

WEISSENFELS, N.: Der Einfluß der Gewebezüchtung auf die Differenzierungsform des endoplasmatischen Retikulums von Hühnerherzmyoblasten. Z. Zellforsch. 86, 1-13 (1968b).

WEISSENFELS, N., und E. A. LÖBBECKE: Neue Wege zur autoradiographischen Analyse des Interphaseablaufs gezüchteter Zellen. Verh. dtsch. Zool. Ges., Heidelberg, 717-722 (1968).

WENDT, E.: Die Ausstossung des Zellkerns bei bestrahlten Zellen. Naturwissenschaften 47, 428-429 (1960).

WENDT, E.: Direkte und indirekte Strahlenwirkungen auf Hühnerembryonen. Forschungsberichte des Landes Nordrhein-Westfalen. Jahrbuch 1966, 679-699. Westdeutscher Verlag, Köln und Opladen.

YAMADA, M., and T. T. PUCK: Action of radiation on mammalian cells. IV. Reversible mitotic lag in the S 3 HeLa cell produced by low doses of x-rays. Proc. nat. Anat. Sci. (Wash.) 47, 1181-1191 (1961).

Abbildungen

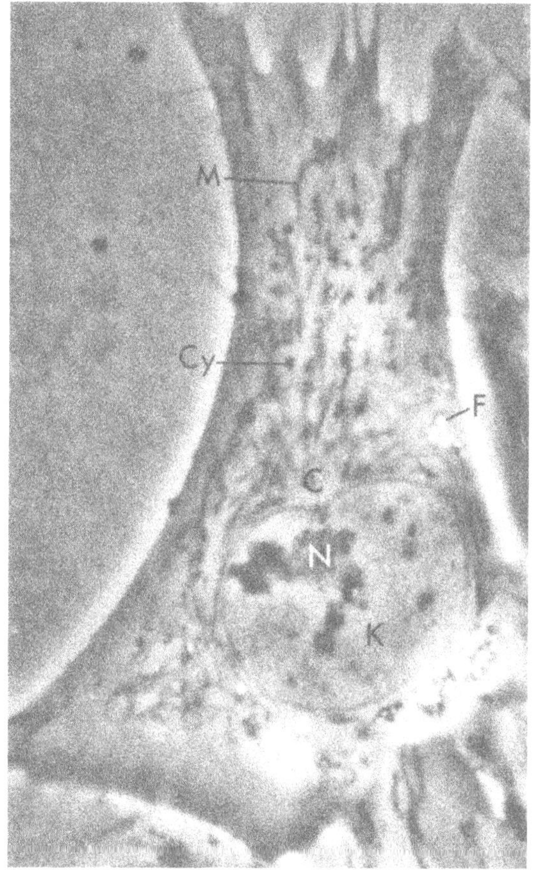

Abb. 1: Kultivierte Hühnerherzzelle im Leben. K = Kern,
N = Nukleolus, C = Centroplasma, M = Mitochondrien,
Cy = Cytosomen, F = Fetttropfen. Vergr.: 2600 : 1

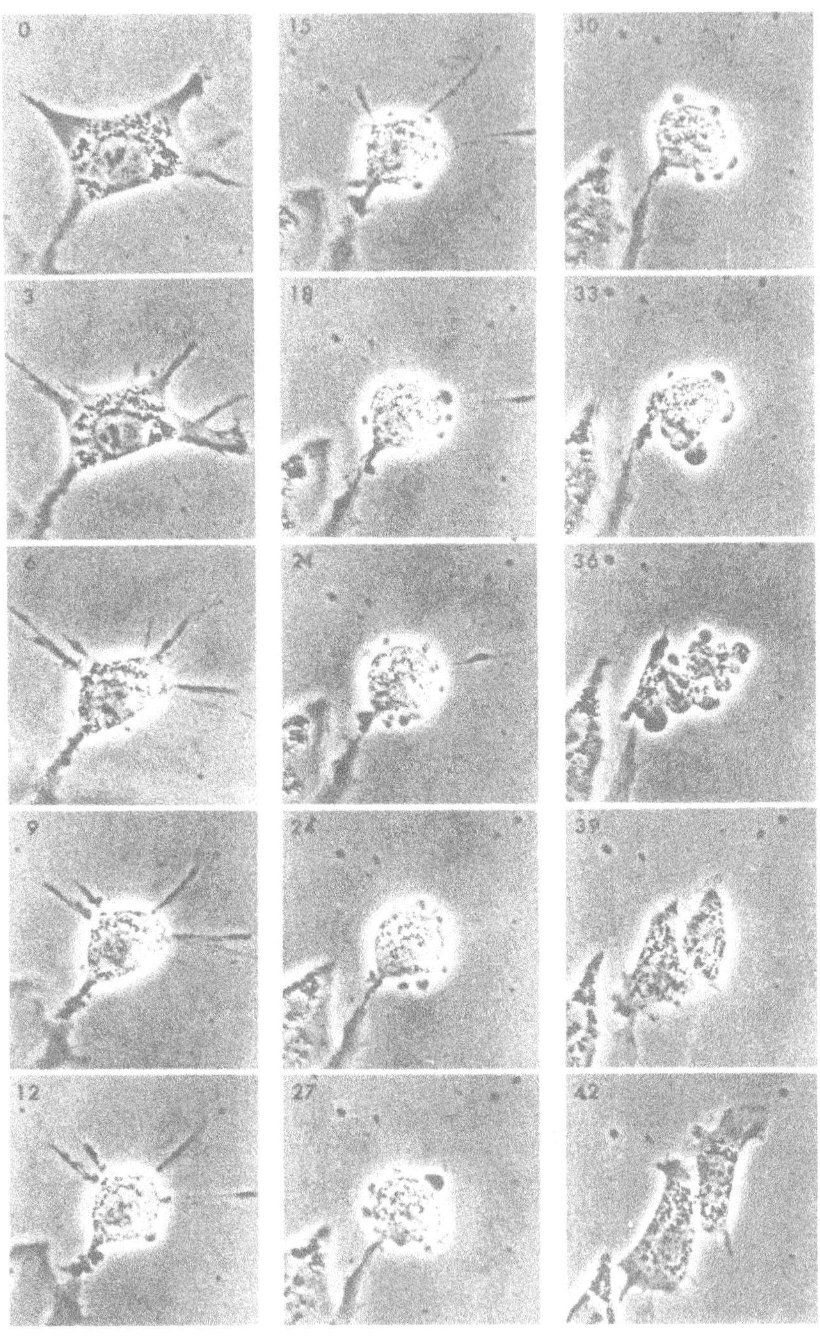

Abb. 2: Die Mitose einer kultivierten Hühnerherzzelle. Zeitangabe in min. Vergr.: 550 : 1

26

Abb. 3: Halbschematische Darstellung der charakteristischen Teilphasen der Mitose und der Rekonstruktionsphase. Die Zeitskala gibt die durchschnittliche Dauer der einzelnen Teilphasen an

Versuchs- nummer	Interphase- dauer in Stunden
(1)	9^{20}
2	12^{30}
3	12^{35}
4	13^{00}
5	13^{20}
+ 6	14^{00}
7	14^{35}
8	16^{00}
9	16^{50}
+ 10	17^{20}
11	18^{35}
12	18^{45}
13	19^{20}
14	19^{30}
15	20^{50}
16	21^{50}
17	22^{00}
(18)	26^{50}
tatsächlicher Mittelwert	$16^{55} \pm 2^{30}$
+ Schwesterzellen	

Abb. 4: Die Interphasedauer von 18 Hühnerherzzellen in
vitro. Die Versuchsnummern 1 und 18 blieben bei
der Berechnung des Mittelwertes unberücksichtigt.

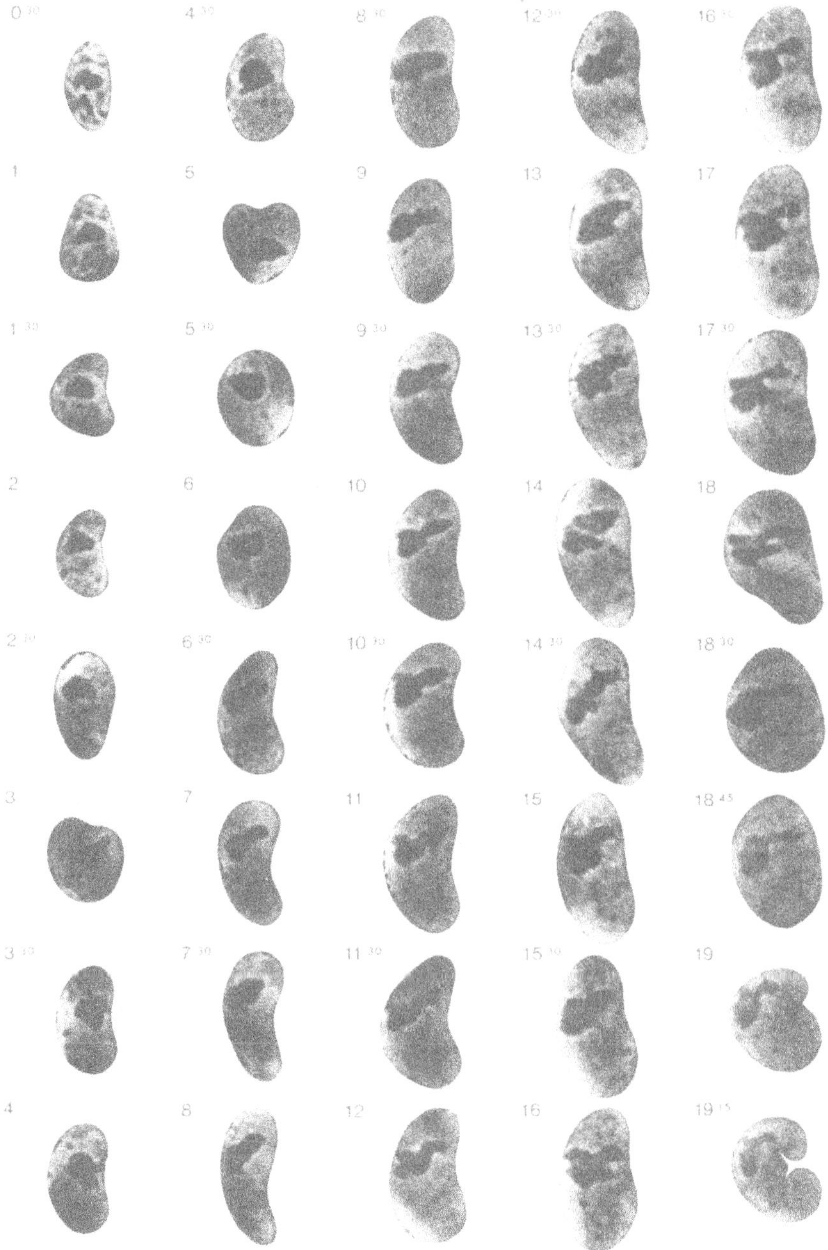

Abb. 5: Das Kernbild einer kultivierten Hühnerherzzelle
(Abb. 4, Vers.-Nr. 13) im Verlauf der Interphase.
Zeitangabe in Std. Vergr.: 1000 : 1

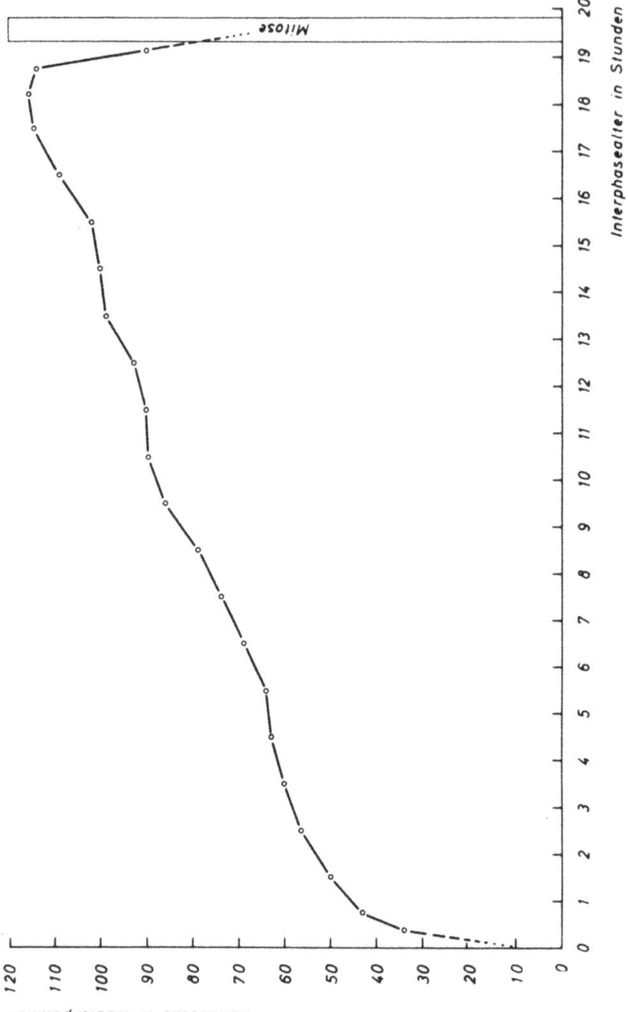

Abb. 6: Die Kernflächenkurve einer kultivierten Hühnerherzzelle (Abb. 4, Vers.-Nr. 13) für den Interphasebe-
reich

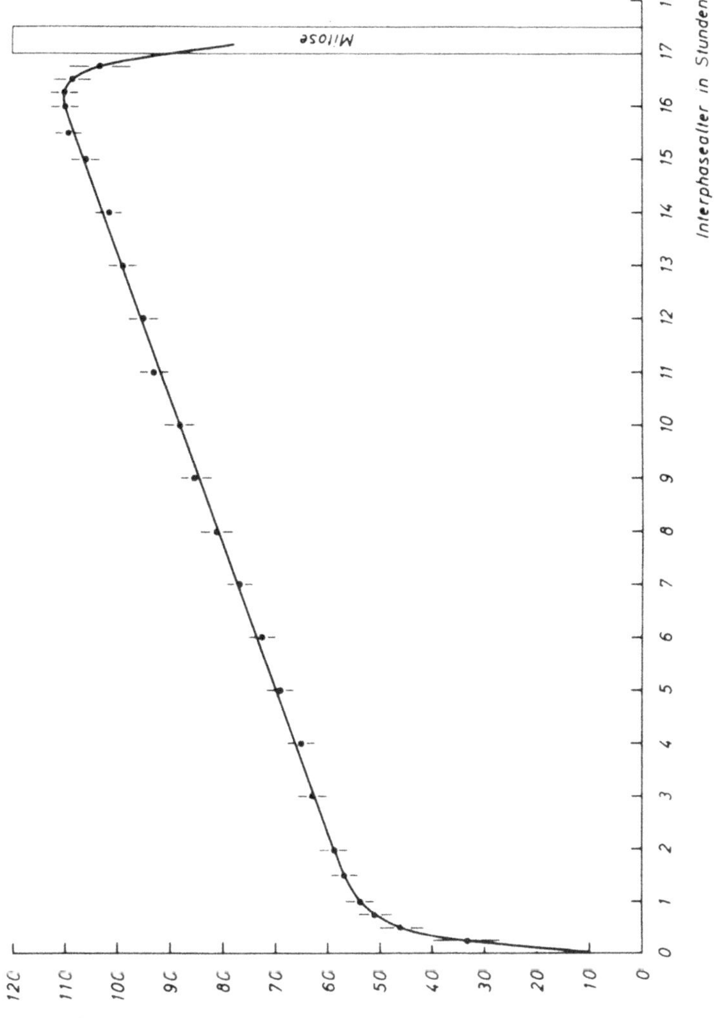

Abb. 7: Mittlere Kernflächenkurve, aus 8 Einzelkurven konstruiert

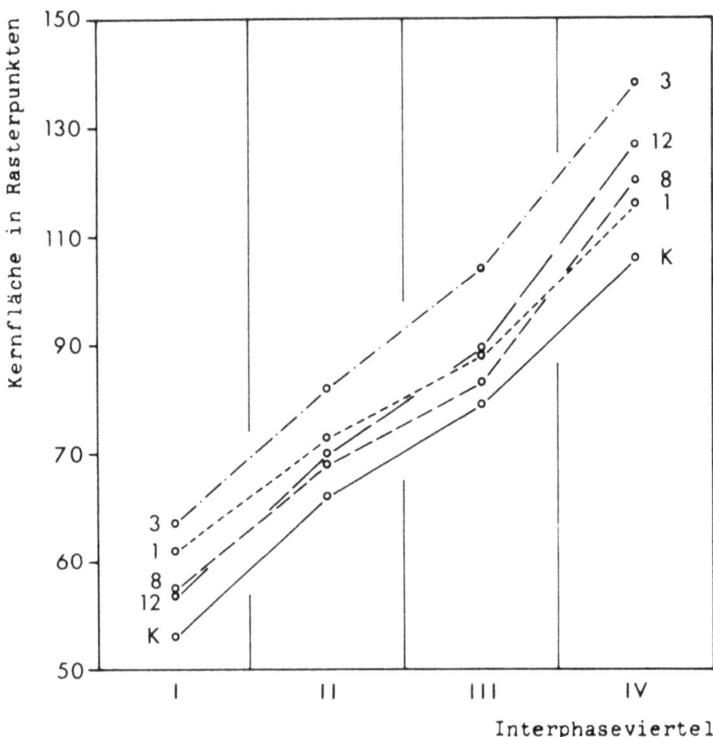

Abb. 8: Mittelwerte der Kernflächen für die Interphaseviertel I - IV einer Kontrollkultur (K) sowie von Kulturen 1, 3, 8 und 12 Std nach Bestrahlung mit 1200 R

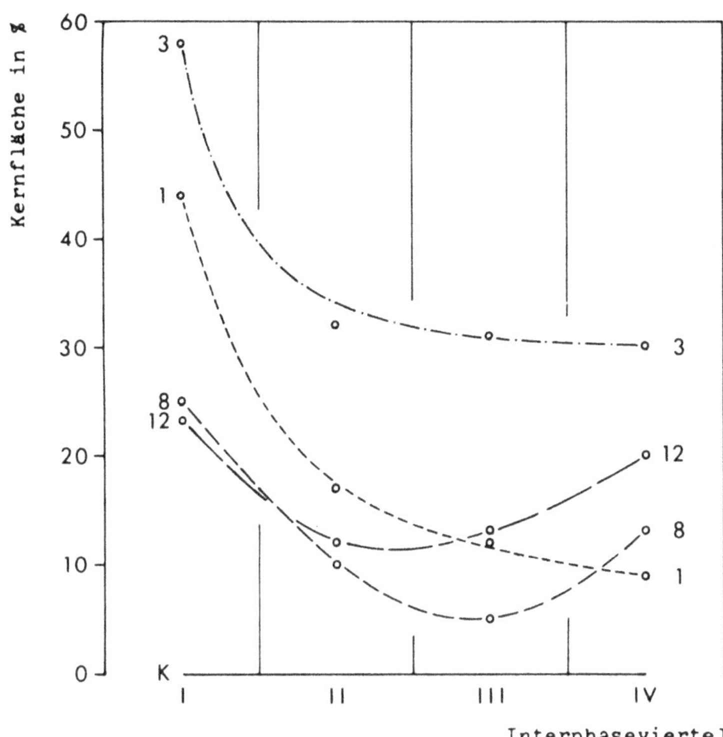

Abb. 9: Prozentuale Abweichung der Kernflächenmittelwerte für die Interphaseviertel I - IV von Kulturen 1, 3, 8 und 12 Std nach Bestrahlung mit 1200 R. K = Kontrollkultur = 100 %

Forschungsberichte
des Landes Nordrhein-Westfalen

Herausgegeben im Auftrage des Ministerpräsidenten Heinz Kühn
vom Minister für Wissenschaft und Forschung Johannes Rau

Sachgruppenverzeichnis

Acetylen · Schweißtechnik
Acetylene · Welding gracitice
Acétylène · Technique du soudage
Acetileno · Técnica de la soldadura
Ацетилен и техника сварки

Arbeitswissenschaft
Labor science
Science du travail
Trabajo científico
Вопросы трудового процесса

Bau · Steine · Erden
Constructure · Construction material ·
Soilresearch
Construction · Matériaux de construction ·
Recherche souterraine
La construcción · Materiales de construcción ·
Reconocimiento del suelo
Строительство и строительные материалы

Bergbau
Mining
Exploitation des mines
Minería
Горное дело

Biologie
Biology
Biologie
Biología
Биология

Chemie
Chemistry
Chimie
Química
Химия

Druck · Farbe · Papier · Photographie
Printing · Color · Paper · Photography
Imprimerie · Couleur · Papier · Photographie
Artes gráficas · Color · Papel · Fotografía
Типография · Краски · Бумага · Фотография

Eisenverarbeitende Industrie
Metal working industry
Industrie du fer
Industria del hierro
Металлообрабатывающая промышленность

Elektrotechnik · Optik
Electrotechnology · Optics
Electrotechnique · Optique
Electrotécnica · Optica
Электротехника и оптика

Energiewirtschaft
Power economy
Energie
Energia
Энергетическое хозяйство

Fahrzeugbau · Gasmotoren
Vehicle construction · Engines
Construction de véhicules · Moteurs
Construcción de vehículos · Motores
Производство транспортных средств

Fertigung
Fabrication
Fabrication
Fabricación
Производство

Funktechnik · Astronomie
Radio engineering · Astronomy
Radiotechnique · Astronomie
Radiotécnica · Astronomía
Радиотехника и астрономия

Gaswirtschaft

Gas economy
Gaz
Gas
Газовое хозяйство

Holzbearbeitung

Wood working
Travail du bois
Trabajo de la madera
Деревообработка

Hüttenwesen · Werkstoffkunde

Metallurgy · Materials research
Métallurgie · Matériaux
Metalurgia · Materiales
Металлургия и материаловедение

Kunststoffe

Plastics
Plastiques
Plásticos
Пластмассы

Luftfahrt · Flugwissenschaft

Aeronautics · Aviation
Aéronautique · Aviation
Aeronáutica · Aviación
Авиация

Luftreinhaltung

Air-cleaning
Purification de l'air
Purificación del aire
Очищение воздуха

Maschinenbau

Machinery
Construction mécanique
Construcción de máquinas
Машиностроительство

Mathematik

Mathematics
Mathématiques
Matemáticas
Математика

Medizin · Pharmakologie

Medicine · Pharmacology
Médecine · Pharmacologie
Medicina · Farmacologia
Медицина и фармакология

NE-Metalle

Non-ferrous metal
Metal non ferreux
Metal no ferroso
Цветные металлы

Physik

Physics
Physique
Fisica
Физика

Rationalisierung

Rationalizing
Rationalisation
Racionalización
Рационализация

Schall · Ultraschall

Sound · Ultrasonics
Son · Ultra-son
Sonido · Ultrasónico
Звук и ультразвук

Schiffahrt

Navigation
Navigation
Navegación
Судоходство

Textilforschung

Textile research
Textiles
Textil
Вопросы текстильной промышленности

Turbinen

Turbines
Turbines
Turbinas
Турбины

Verkehr

Traffic
Trafic
Tráfico
Транспорт

Wirtschaftswissenschaften

Political economy
Economie politique
Ciencias economicas
Экономические науки

Einzelverzeichnis der Sachgruppen bitte anfordern

Westdeutscher Verlag GmbH

– Auslieferung Opladen –
567 Opladen, Postfach 1620

GPSR Compliance
The European Union's (EU) General Product Safety Regulation (GPSR) is a set
of rules that requires consumer products to be safe and our obligations to
ensure this.

If you have any concerns about our products, you can contact us on

ProductSafety@springernature.com

In case Publisher is established outside the EU, the EU authorized
representative is:

Springer Nature Customer Service Center GmbH
Europaplatz 3
69115 Heidelberg, Germany

www.ingramcontent.com/pod-product-compliance
Lightning Source LLC
LaVergne TN
LVHW080442200726
843507LV00004B/892